THE ENCYCLOPEDIA OF AIRPLANES

好酷好酷的 飞机

飞机简史

（澳）艾德林 著

崔 瑛 译

北方联合出版传媒（集团）股份有限公司

辽宁科学技术出版社

飞机在蓝天翱翔，
为我们提供便捷的同时，
让远方变得触手可及。
飞机是怎么诞生的？又是如何发展的？
我们一起去了解飞机的历史吧！

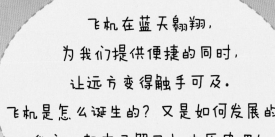

列奥纳多·达·芬奇的扑翼机

李林达尔的滑翔机

蒙哥尔费兄弟的热气球

凯利的滑翔机

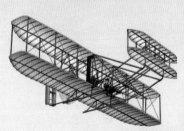

飞行者一号飞机

14bis飞机

齐柏林飞艇

安萨尔多SVA.5战斗机

福克Dr.1三翼机

布莱里奥11型飞机

斯帕德S.VIII战斗机

零式战斗机

索普威斯骆驼战斗机

梅塞斯密特Me-109战斗机

P-40战斗机

伊尔-2攻击机

德哈维兰DH100喷气式战斗机

亨克尔He-178喷气式战斗机

德哈维兰彗星型喷气式客机

波音2707超声速客机

梅塞斯密特Me-262喷气式战斗机

X-1试验飞机

Progress Eagle飞机

Synergy飞机

白鲸运输机

未来的超声速飞机

TF-X飞机

它能飞吗?

1485 年,达·芬奇在观察小鸟飞行时突然萌生了一个想法,他把这个想法画在小本子上,并写道:"如果一个物体有像小鸟翅膀一样的双翼,它就可以飞上天了吧?"虽然这一想法没有被付诸实践,但达·芬奇是最早设想了扑翼机的人。

螺旋飞翼
这是达·芬奇的飞机设计图。

列奥纳多·达·芬奇（1452—1519)
意大利文艺复兴时期著名工程师、画家、自然科学家。在艺术、建筑、数学、科学、音乐、哲学等领域都卓有成就。

恶魔的机器

达·芬奇设计过多种机械设备并留下了许多设计图。但是，那时的人们认为这些设计图上画的东西是恶魔的机器，并嗤之以鼻。当然，以当时的科技水平，也很难将这些设计付诸实践。

列奥纳多·达·芬奇的扑翼机

扑翼机是达·芬奇设计的飞机。但这只是一个设想，没有付诸实践。

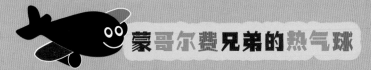

蒙哥尔费兄弟的热气球

飘起来了！

法国的造纸商蒙哥尔费兄弟萌生了一个有趣的想法："烧火时产生的浓烟会飘到空中，是否能将这些浓烟收集在一起，并利用这些浓烟让物体飞起来呢？"兄弟俩做了一个窄口的大袋子，并用它搜集了烧火时产生的浓烟。没过多久，袋子成功飘了起来。兄弟俩便叫人制作了热气球，他们甚至还制作出了载人热气球。

哥哥，你看，浓烟会飘到空中。

浓烟可以让纸片飘起来。利用这个原理，我们也可以飞向天空吧？

蒙哥尔费兄弟
哥哥米歇尔·蒙哥尔费（1740—1810）和弟弟艾蒂安·蒙哥尔费（1745—1799）是最早发明载人热气球的人。

6

热气球飞起来的原因
蒙哥尔费兄弟认为是浓烟把热气球推向空中的，其实热气球飘向空中的原因是加热后的空气密度变小了。气球外部的空气对它产生浮力，热气球就飘到空中了。

蒙哥尔费兄弟的热气球
蒙哥尔费兄弟把布拼接在一起，做成球状，并在内侧贴上纸，防止浓烟泄露，还在气球下面安装了引火箱。

像鸟一样展翅飞行

英国贵族乔治·凯利在观察鸟在高空飞行时发现鸟只需展开翅膀，而不用拍打翅膀。他从中获得启示，经过反复研究，终于在1804年发明了固定机翼滑翔机。

凯利的滑翔机
它是英国的乔治·凯利发明的滑翔机，翼尖上有扑翼，于1853年进行了首次载人飞行。

8

李林达尔的滑翔机
奥托·李林达尔制作的滑翔机飞了起来。

航空之父
乔治.凯利是发明固定机翼滑翔机并将这一原理写成文献的第一人。在他的理论指导下，人们制造出了飞机，所以人们把他称为"空气动力学之父"。

德国工程师奥托·李林达尔通过观察鸟类，也制作出了滑翔机。他拿起滑翔机从小山坡上跑下，飞向空中，自主操控飞行方向并成功着陆。

9

飞机终于被制造出来了

  在美国开自行车公司的莱特兄弟听到奥托·李林达尔制造出了滑翔机的消息。弟弟跟哥哥说："哥哥，我们一起来制造不需要风力，用燃料动力就能飞上天空的飞机吧！"历经了无数次失败后，他们终于在 1903 年制造出了这样的飞机。在众人的围观下，飞机飞上了天空。

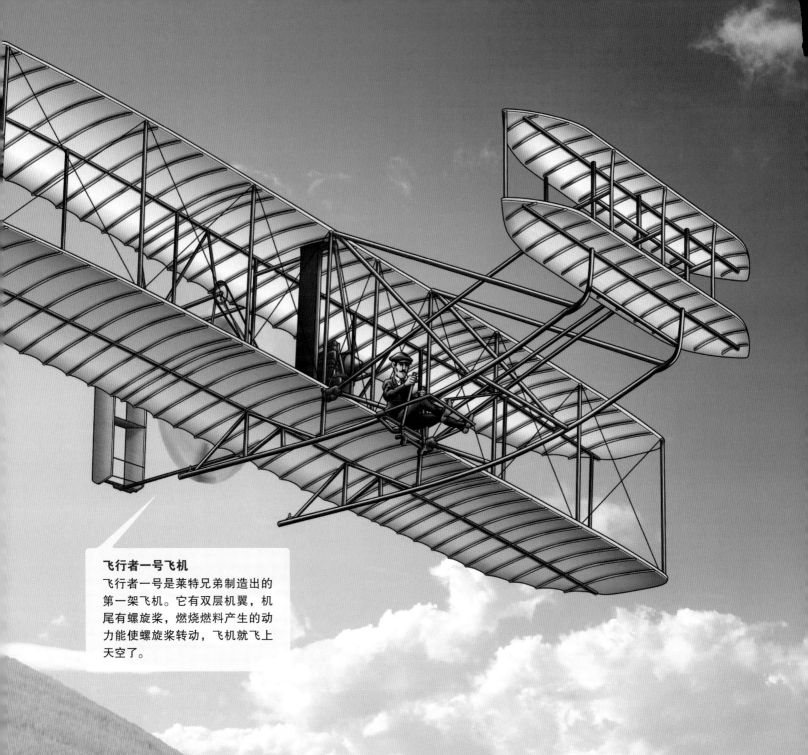

飞行者一号飞机

飞行者一号是莱特兄弟制造出的第一架飞机。它有双层机翼，机尾有螺旋桨，燃烧燃料产生的动力能使螺旋桨转动，飞机就飞上天空了。

一辈子没有结婚的兄弟

莱特兄弟的哥哥曾说："我们没有时间既照顾飞机，又照顾妻子，我们一生只能做好一件事。"这句话足以看出莱特兄弟为制造飞机倾尽了全力。

福克Dr.1三翼机
它在第一次世界大战中因"红男爵"里希特霍芬而闻名。

索普威斯骆驼战斗机
它在第一次世界大战中创造了单机种作战纪录。

斯帕德S.VIII战斗机
它是第一次世界大战中的战斗机。

大家都开始发明飞机

在莱特兄弟成功制造出飞机后，其他人也开始了飞机的研制之旅。1906 年，桑托斯·杜蒙在法国成功制造出飞机，1909 年路易·布莱里奥坐着布莱里奥 11 型飞机成功飞越英吉利海峡。与此同时，飘在空中的飞艇也逐渐兴盛起来。德国人斐迪南·冯·齐柏林制造出了大型飞艇，它载着乘客在空中缓缓飞行。但在一次飞艇爆炸事故后，就很少有人制造飞艇了。

有奖金的飞行

莱特兄弟制造出飞机后，欧洲的很多国家用悬赏的方式来鼓励大家发明飞机。法国航空协会举办了"施耐德"杯比赛，赛会承诺：如果有人试飞成功就可以获得大额奖金。英国的报业公司也登出"如果飞机成功飞越英吉利海峡就可以得到奖金"的悬赏令。很多人参加了挑战，最终，桑托斯·杜蒙成功获得了"施耐德"杯的奖金，路易.布莱里奥获得了报业公司的奖金。

14bis飞机
巴西咖啡农场主的儿子桑托斯·杜蒙来法国留学，在1906年成功制造出14bis飞机。

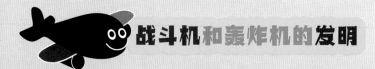

因战争而发展的飞机

1914 年，第一次世界大战爆发了。飞机一开始被用于在空中侦察敌人的动态。随后飞机被加装上了武器，来投放炸弹或射击进攻。与此同时，飞机的制造技术也有了很大进步。

安萨尔多SVA.5战斗机
它既是战斗机，也是侦察机，是第一次世界大战中最优秀的飞机之一。

王牌飞行员"红男爵"
里希特霍芬是德国战斗机联队指挥官，在第一次世界大战期间，他以出其不意的作战风格征服了无数人，被称为王牌飞行员。因为他开的飞机是红色的，所以人们也叫他"红男爵"。

14

齐柏林飞艇
齐柏林飞艇大大的圆缸里灌满了氢气，人们坐在飞艇下的小篮筐里。

布莱里奥11型飞机
布莱里奥11型飞机是法国路易·布莱里奥发明的，于1909年成功飞越英吉利海峡。

高速的喷气式飞机

　　在第二次世界大战即将结束时，德国人发明了拥有超高速度的战斗机，就是喷气式战斗机。但没过多久，德国就在第二次世界大战中战败。英国在这时也掌握了喷气式飞机的制造技术，制造出了喷气式战斗机和喷气式客机。后来，美国和苏联也制造出了喷气式战斗机。

亨克尔He-178喷气式战斗机
1939年，亨克尔制造出世界上第一架喷气式战斗机。

德哈维兰DH100喷气式战斗机
它于1943年成功首飞。

喷气式飞机的发动机

喷气式飞机是指拥有喷气发动机的飞机。喷气发动机中的燃料燃烧产生大量气体，气体向后喷射产生向后作用力的同时，也产生了一个大小相等向前的反作用力，这个向前的反作用力能推动飞机向前飞行。

梅塞斯密特Me-262喷气式战斗机
它于1942年成功首飞。

ROYAL AIR FORCE TRANSPORT CONNAND

德哈维兰彗星型喷气式客机
它是世界上第一架喷气式客机，于1949年成功首飞。

19

比声速还快的速度

　　1946 年，美国贝尔飞机公司成功研制出了 X-1 试验飞机。几年后，欧洲成功研制出了超声速客机。随后，美国开始制造波音 2707 超声速客机，人们开始乘超声速客机去旅行。但是超声速飞机噪声很大，费用昂贵，事故频发，没过多久便退出了市场。

波音2707超声速客机
波音2707超声速客机的前景并不被看好，且同一时期，波音707喷气式飞机出现了，所以波音2707超声速客机的研制计划被取消了。

超声速战斗机
在X-1试验飞机成功试飞后，X系列飞机相继被研制出来，美国研发出了超声速战斗机。目前美国使用的战斗机都是超声速战斗机。

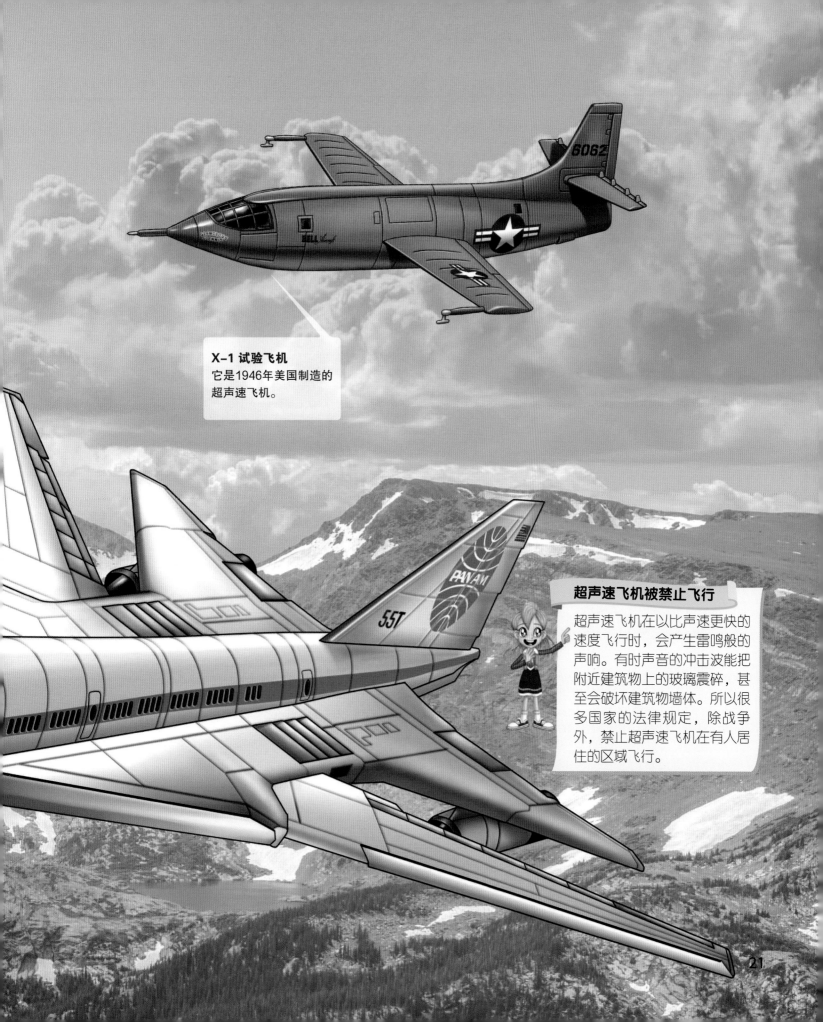

X-1 试验飞机
它是1946年美国制造的超声速飞机。

超声速飞机被禁止飞行
超声速飞机在以比声速更快的速度飞行时，会产生雷鸣般的声响。有时声音的冲击波能把附近建筑物上的玻璃震碎，甚至会破坏建筑物墙体。所以很多国家的法律规定，除战争外，禁止超声速飞机在有人居住的区域飞行。

载重飞行

一种能和普通飞机一样快，体积巨大，能承载数百名旅客和大量行李的飞机出现了，这就是大型客机。

暴风雪号航天飞机
它是苏联研制的航天飞机。

世界第二大飞机——空中客车A380
世界上第二大的飞机是空中客车A380，它的机身高度约为24.1米，翼展比足球场还宽，可同时容纳800多人，世界上多家知名航空公司都拥有这种飞机。

白鲸运输机
它是由法国空中客车公司制造的运输机，因外形酷似白鲸而得名。

安-225运输机
它是世界上最大的飞机，主要用于运输，是专门为运输暴风雪号航天飞机而研制的。

23

我们梦想中的飞机

未来会出现什么样的飞机呢？是更快、噪声更小的未来的超声速飞机？是利用太阳能和风能代替燃料的、不会污染空气的环境友好型飞机？还是驾驶简单、可以自行操控的便捷型私人飞机……这些梦想中的飞机有的已经进入研发阶段，是不是很神奇？

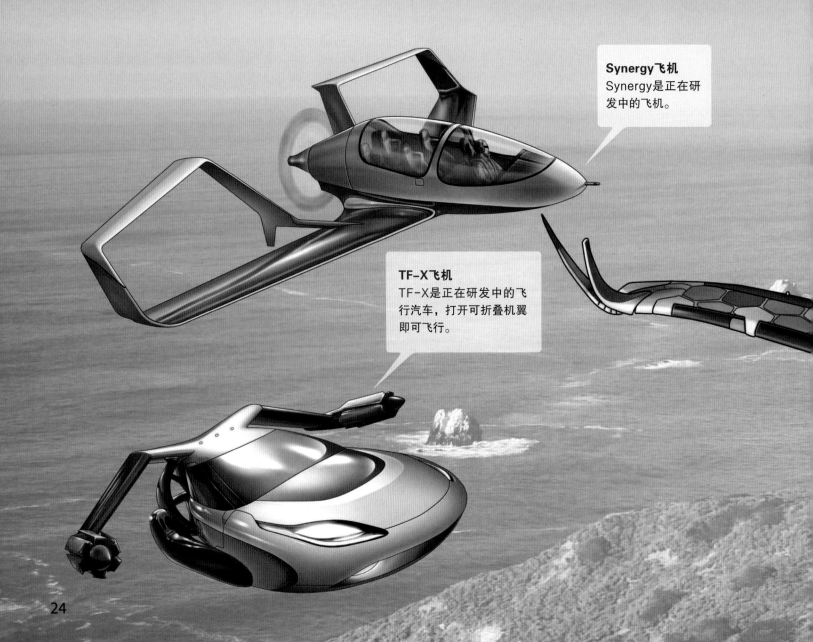

Synergy飞机
Synergy是正在研发中的飞机。

TF-X飞机
TF-X是正在研发中的飞行汽车，打开可折叠机翼即可飞行。

未来的超声速飞机
美国洛克希德·马丁公司正在研发未来的超声速飞机，它飞行时产生的噪声很小。

Progress Eagle飞机
Progress Eagle是尚处于设计阶段的太阳能飞机。

你知道吗？

飞行运动

人们很早就梦想着飞翔，并由此发展出了许多空中运动。让我们一起来看看吧！

悬挂式滑翔机
这是一项参与者被悬挂在机翼下面的运动，驾驶者需要经过培训并考取飞行执照才可以参与其中。

滑翔伞
滑翔伞兼具滑翔机和降落伞的优势，体验这项运动时，需要参与者从小山坡上助跑后顺势起飞。

动力悬挂式滑翔机
动力悬挂式滑翔机很轻巧，装有发动机和螺旋桨。人们可以驾驶它飞行。

旋翼飞机
旋翼飞机看起来像直升机，人们可以乘坐它体验飞行运动的乐趣。

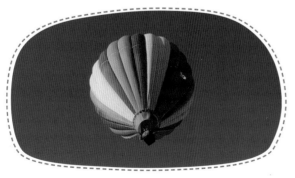

热气球
人们可以乘坐热气球观光娱乐，也可以参与热气球比赛。

高空跳伞
参与者会先乘坐飞机升到一定高度，然后身背降落伞一跃而下。

飞机小百科

久远的飞天梦

第一个拥有飞天梦的人是谁呢？我们无从得知，但《古希腊神话》中已经有关于飞天的故事了。

鲁本斯的《伊卡洛斯陷落》

在古希腊雅典，有一个技术精湛的建筑师叫代达罗斯。他为克里特岛国王米诺斯建造了一座迷宫。有一天，他惹怒了国王米诺斯，国王把他和他的儿子伊卡洛斯困在了迷宫中。代达罗斯决定逃走，他想出了一个逃跑的好办法——从空中飞走。他迅速制作了翅膀并让儿子背上。在儿子飘上天空之前叮嘱道："如果你飞得过高，粘连羽毛的封蜡将会被太阳晒熔化；如果你飞得过低，羽毛将因沾到海水而变沉。不论哪种情况，你都将会坠入海中。"但是他的儿子伊卡洛斯越飞越高，离太阳越来越近。最终，封蜡熔化，羽毛被风吹落，伊卡洛斯也坠入海中。

头脑风暴

中国第一位飞行员——冯如

冯如是中国第一位飞机制造工程师和飞行员，被誉为"中国航空之父"。他从小喜欢制作风筝、车船等玩具，对神话故事尤其是飞天故事更是充满向往。

1910年，冯如驾驶着他自己设计和制造的飞机打破了国际飞行比赛的世界纪录，他拒绝了外国公司的重金聘请，毅然投身于中国的航空事业。

冯如把毕生精力都献给了祖国，他提出的航空战略理论给中国航空事业和人民空军的发展带来了深远影响。

它是世界上最早的飞机，是由美国经营自行车公司的莱特兄弟经过无数次实验发明出来的。请说出它的名字并指出它吧！

列奥纳多·达·芬奇的扑翼机

蒙哥尔费兄弟的热气球

李林达尔的滑翔机

飞行者一号飞机

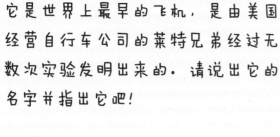

凯利的滑翔机

14bis飞机

布莱里奥11型飞机

齐柏林飞艇

安萨尔多SVA.5战斗机

福克Dr.1三翼机

斯帕德S.Ⅷ战斗机

零式战斗机

索普威斯骆驼战斗机

梅塞斯密特Me-109战斗机

P-40战斗机

伊尔-2攻击机

德哈维兰DH100喷气式战斗机

亨克尔He-178喷气式战斗机

德哈维兰彗星型喷气式客机

波音2707超声速客机

梅塞斯密特Me-262喷气式战斗机

X-1试验飞机

Synergy飞机

白鲸运输机

Progress Eagle飞机

未来的超声速飞机

TF-X飞机

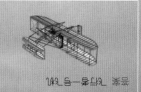

Title:An Airplane's Dream
Simplified Chinese Translation Copyright © 2025 Liaoning
Science And Technology Publishing House Ltd.
Big & Small holds Simplified Chinese Rights including
World English Rights in 2018.
First published in 2016 by Aram Publishing House.
This Simplified Chinese edition published under license
from Big & Small through The ChoiceMaker.

©2025，辽宁科学技术出版社。
著作权合同登记号：第06-2019-71号。

图书在版编目（CIP）数据

飞机简史 / (澳) 艾德林著；崔瑛译. -- 沈阳：辽
宁科学技术出版社，2025. 1. -- (好酷好酷的飞机).
ISBN 978-7-5591-3846-0

Ⅰ. V271-091
中国国家版本馆CIP数据核字第2024U586D8号

出版发行：辽宁科学技术出版社
　　　　　（地址：沈阳市和平区十一纬路25号　邮编：110003）
印　刷　者：深圳市福圣印刷有限公司
经　销　者：各地新华书店
幅面尺寸：232mm×270mm
印　　张：8
字　　数：200千字
出版时间：2025 年 1 月 第 1 版
印刷时间：2025 年 1 月 第 1 次印刷
责任编辑：姜　璐　许琳娜　张诗丁
封面设计：许琳娜
版式设计：许琳娜
责任校对：韩欣桐

书　　号：ISBN 978-7-5591-3846-0
定　　价：128.00 元（套装）

投稿热线：024-23284062
邮购热线：024-23284502
E-mail:1187962917@qq.com

专业
图解

深度百科
构建知识体系

精选
视频

科普视界
拓宽认知边界

创意工坊
培养实践精神

手工
教程

能力训练
能力塑造提升

趣味
测评

扫码
加入

知识酷玩小队

THE ENCYCLOPEDIA OF AIRPLANES

好酷好酷的 飞机

民用飞机和无人机

（澳）艾德林 著

慧玲玲 译

北方联合出版传媒（集团）股份有限公司

辽宁科学技术出版社

在这里，有在空中飘浮着的热气球，有可以搭载数百名乘客的空中客车A380，有灵巧便捷的轻型飞机，有无线操控的无人机。看着各种各样的飞机，你好奇吗？

混合动力飞艇

热气球

精灵系列无人机

贝尔206直升机

波音787梦想客机

空军一号飞机

空中客车A380

图-144客机

海军陆战队一号SH-3海王直升机

N3-X飞机

海军陆战队一号UH-60黑鹰直升机

协和式飞机

ICON A5飞机

塞斯纳172飞机

Volocopter电动直升机

农用直升机

运输直升机

Aerigon无人机

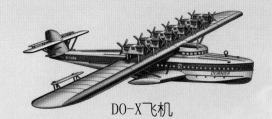

DO-X飞机

F-15E打击鹰战斗机

齐柏林飞艇

快递无人机

德哈维兰DH-4飞机

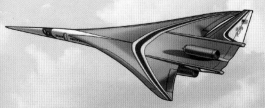

未来的超声速客机

Icon-II飞机

未来的空中客车

热气球和飞艇

看，天空中飘着热气球和飞艇。它们被气体充得鼓鼓的，有的像个彩色大球，有的像胖热狗。热气球的上方有一个巨大的气囊，气囊下方悬挂着一个可以载人的篮子。当向气囊中充入加热后的空气时，热气球就会飘起来。它们主要被用于观光娱乐。

热气球

飞艇的外形看起来像鲸鱼。在飞艇中充入质量较轻的气体，比如氢气、氦气等，它就可以飘在空中了。飞艇通过旋动尾部的螺旋桨来获得向前飞行的动力。

4

混合动力飞艇

兴登堡号爆炸事件

1937年，德国飞艇兴登堡号发生爆炸，飞艇上的人员全部遇难。此后，飞艇便很少用于载客，主要用于宣传。

齐柏林飞艇

空中客车A380和波音787梦想客机

巨大的飞机沿着跑道滑行，伴随着轰鸣声飞向空中。它们就是世界上最大的客机空中客车A380和比它稍小的波音787梦想客机。空中客车A380有两层，是目前最大的客机，最多可搭载853名乘客。

波音787梦想客机

波音787梦想客机也可以容纳很多乘客，
飞行速度接近声速。同时，它还是一架机身较
轻、低能耗的飞机。由于它乘坐起来特别舒适，
所以被称为梦想客机。

空中客车A380

最大的飞机：安-225运输机
空中客车A380是最大的客机，
那么在所有类型的飞机中，最
大的是谁呢？它就是安-225运
输机，它主要用于运载超大尺
寸和超大重量的货物，包括航
天器部件和大型工业设备，甚
至可以运载火箭。

超声速客机

　　像炸弹爆炸似的，一声巨响传向四周，这就是超声速客机飞行时产生的音爆。普通客机需要飞行7个小时的路程，超声速客机只需飞行3个小时。但是，因为它飞行时产生的声响实在太大了，而且燃料消耗量巨大，机票也十分昂贵，所以超声速客机在2003年退役。

图-144客机
图-144客机是世界上最早的超声速客机，于1968年首飞，直到20世纪80年代仍在服役。这种机型仅生产了16架。

什么叫超声速?
超声速是指比声音传播的速度还快的速度。声速在常温下是每秒340米,也就是说,飞机以超声速飞行时,从北京到济南(约410千米)只需约10分钟。超声速到底有多快,你感受到了吗?

协和式飞机
协和式飞机也是超声速客机,从1976年到2003年共服役了27年。

超声速客机的可下垂机头
超声速客机的机头像小鸟的头一样,是可下垂的,机头的前部像小鸟的嘴一样,是细长的。在起飞和降落的时候,细长的机头可以减小空气的阻力,机头下垂一定角度可以让驾驶员获得更好的视野。

又小又轻的飞机

轻型飞机

　　一些飞机轻盈地在湖面上盘旋，其中一架轻巧地落在水面上。这些又小又轻的飞机叫作轻型飞机。因为它们的体积小，所以载客量有限。但是它们可以快速移动，在大面积喷洒农药时很有用处。有的轻型飞机是水陆两用的，当陆地上没有足够的起降空间时，它们可以在水面上完成起降。这类飞机也常用于飞行员训练和旅游观光。

ICON A5飞机
ICON A5是水陆两用轻型飞机，也是私人飞机。它可以在陆地和水面上自由起降，而且它的机翼可折叠。

10

塞斯纳172飞机
塞斯纳172飞机自1956年投产至今，是生产量最大的轻型飞机，被广泛地用于驾驶训练。

比轻型飞机更轻的飞机
动力滑翔机是在滑翔机的基础上安装了座位、发动机和着陆装置的飞机。它比轻型飞机更小、更轻。当风力足够大时，只需打开发动机，它就可以飞起来了。

老式飞机

    在老式飞机中，有很多外形出众的飞机。其中，DO-X飞机独具特色。它的机翼上有12个螺旋桨，看起来非常酷。它于1929年完成了首飞，是当时最大、最重的飞机，一共有3层，可以搭载169名乘客。另一架老式飞机是德哈维兰DH-4飞机，它有双机翼，看上去很出众。这种飞机在战争时被用作轰炸机，战争结束之后，它被用作邮政运输机。

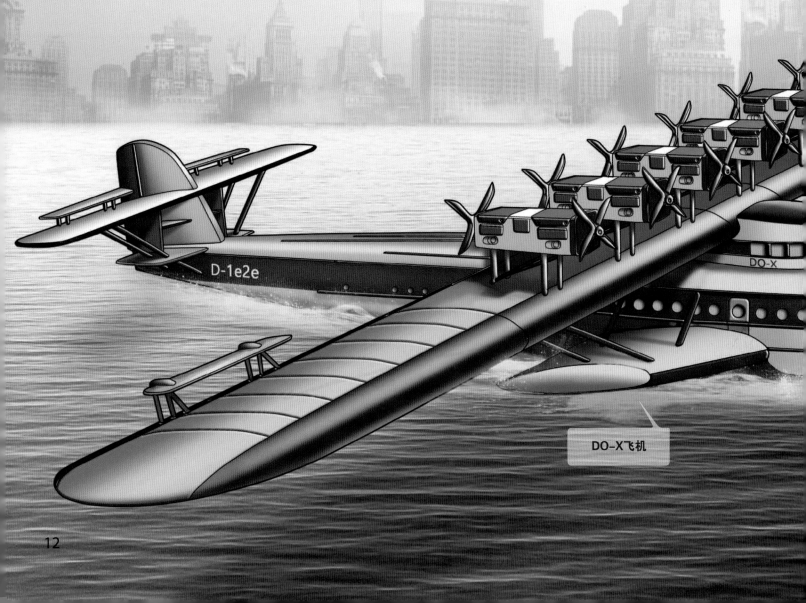

DO-X飞机

12

德哈维兰DH-4飞机

可在水面上起降的DO-X飞机

因为当时像DO-X这么重的飞机在陆地上起降的技术尚未成熟，所以大多数DO-X飞机都是在湖面或者海面上起降的。

DORNIER

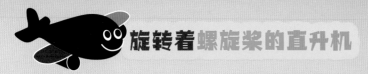

直升机和电动直升机

"嗒嗒嗒……"，伴随着嘈杂的声响，直升机朝我们飞来。它正准备在城市中宽阔的草坪上降落。普通飞机在起飞和降落时，需要很长的跑道，但直升机不需要。因为直升机可以垂直地起飞和降落，它利用螺旋桨旋转产生的动力起飞，可以在空中悬停，也可以在空中缓慢飞行。贝尔206是世界范围内应用最广泛的直升机机型。

Volocopter电动直升机
于2016年完成了载人试飞。这种飞机可乘坐2个人，移动自如。但是截至目前，它还无法长时间飞行，科学家们正在就如何延长其飞行时间展开研究。

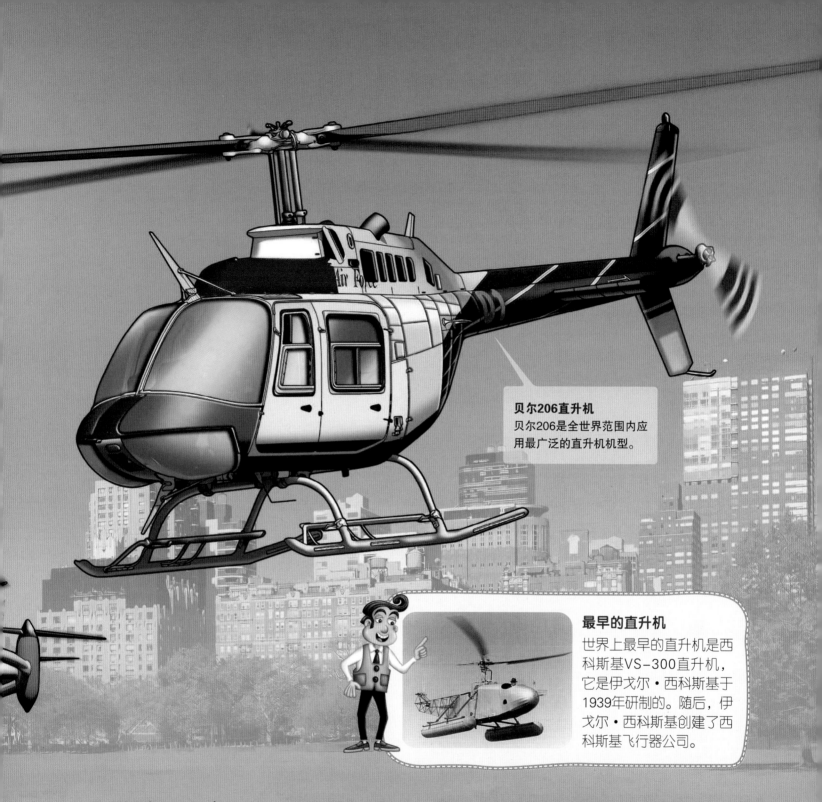

贝尔206直升机
贝尔206是全世界范围内应用最广泛的直升机机型。

最早的直升机
世界上最早的直升机是西科斯基VS-300直升机，它是伊戈尔·西科斯基于1939年研制的。随后，伊戈尔·西科斯基创建了西科斯基飞行器公司。

　　与直升机上有巨大的螺旋桨不同，电动直升机依靠机身上的多个小型螺旋桨旋转产生的动力飞行。后者可以人工驾驶，也可以无线操控。它的造价不高，驾驶方法也很简单，今后应该会更加常见吧！

农用直升机和运输直升机

农用直升机像喷雾器一样，向外喷洒着农药，它的前端挂着一个农药播撒机。在过去，农民们需要背着农药桶，大汗淋漓地在田间播撒农药，十分辛苦。现在直升机在很短的时间内就能完成之前农民们几天才能干完的工作，真的要谢谢农用直升机啦！

农用直升机

运输直升机

"嗒嗒嗒",运输直升机飞得很快,它应该是有紧急运送任务吧。它既可以运载人员,也可以运送物资。它总是在紧急时刻给予我们帮助,真的要好好感谢它呀。

停机坪

直升机起飞和降落的场地叫停机坪。这种停机坪一般建在城市建筑物的楼顶,从空中俯瞰,可以看到一个很大的圈,圈内有大写字母"H",易于识别。

无人机

"嗡嗡嗡",无人机在空中飞行,无人机是一种无人驾驶、全程无线操控的飞行器。按功能分类,有航拍无人机、快递无人机等。最初它是为了军事用途而研制的,目前在民用领域也应用广泛。

Aerigon无人机
Aerigon无人机是专业摄影无人机。拍摄电影时,这款无人机能发挥巨大作用。

精灵系列无人机
精灵系列无人机配有高清照相机,堪称航拍神器。

在使用时,以下几点需要注意啦!
无人机在为我们生活提供便利的同时,也存在几点安全隐患:
1、坏人可能将爆炸物捆绑在无人机上,使它在飞行的途中爆炸;
2、快递无人机可能遭到黑客的入侵,致使快递被盗;
3、航拍无人机可能在没有得到拍摄对象允许的情况下,偷拍对方;
4、无人机在空中工作时,有时会突发故障掉落,可能会砸到路人。
因为存在种种隐患,所以在使用无人机时,需要遵守相关法律规定。

　　无人机的大小各异，有的只有巴掌大，有的硕大无比。它的用途也是多种多样，有的用于娱乐，有的用于航拍，有的用于配送快递，还有的用于农业、科学研究等。

快递无人机

低噪声超声速飞机

　　有没有可能发明一款超声速、低噪声且燃料消耗低的飞机呢？科学家们经过不断探索，真的成功研制出了这种飞机。在不久的将来，它将会出现在我们的生活里。到那时，从北京到济南仅需约 10 分钟时间。

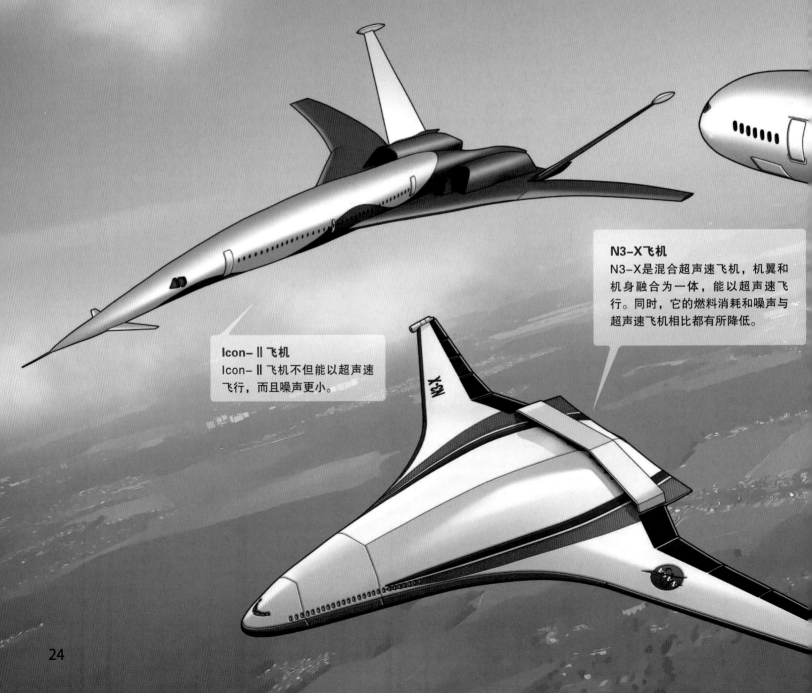

Icon-Ⅱ飞机
Icon-Ⅱ飞机不但能以超声速飞行，而且噪声更小。

N3-X飞机
N3-X是混合超声速飞机，机翼和机身融合为一体，能以超声速飞行。同时，它的燃料消耗和噪声与超声速飞机相比都有所降低。

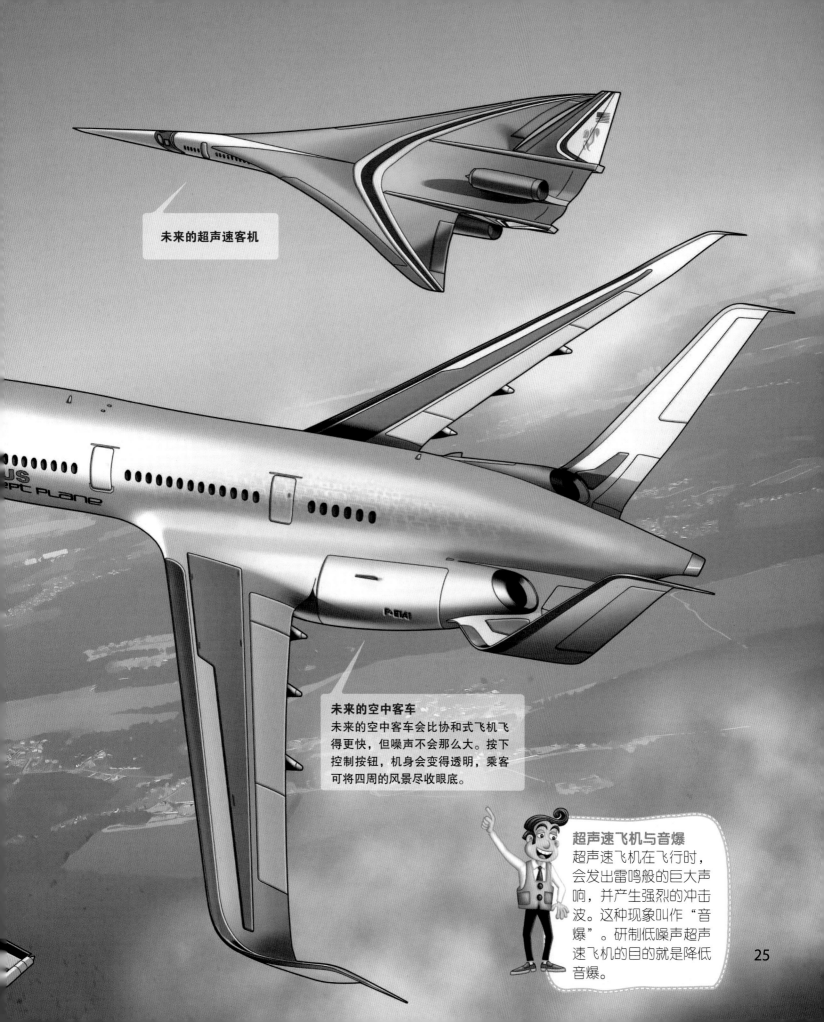

未来的超声速客机

未来的空中客车
未来的空中客车会比协和式飞机飞
得更快，但噪声不会那么大。按下
控制按钮，机身会变得透明，乘客
可将四周的风景尽收眼底。

超声速飞机与音爆
超声速飞机在飞行时，
会发出雷鸣般的巨大声
响，并产生强烈的冲击
波。这种现象叫作"音
爆"。研制低噪声超声
速飞机的目的就是降低
音爆。

25

你知道吗？

飞机的"站台"：机场

在机场里，有长跑道、停机坪，有指引安全路线的控制塔，还有供乘客上下机使用的摆渡设施等。世界知名的国际机场是什么样的呢？让我们一起来看看吧。

北京首都国际机场

仁川国际机场

华盛顿杜勒斯国际机场

圣保罗瓜鲁柳斯国际机场

苏黎世国际机场

巴黎夏尔·戴高乐国际机场

像白线一样的飞机尾迹

飞机经过时，天空中有时会留下一条条长长的、仿佛蜡笔画出的白线，这就是尾迹。飞机尾迹是怎么产生的？让我们一起来了解一下吧。

飞机尾迹是喷气式飞机在高空飞行时产生的。在飞行中，喷气式发动机向后喷出含有大量水汽的高温气体，高空环境的温度很低，有时甚至低于零下40摄氏度。飞机喷出的含有大量水汽的高温气体与高空环境中的低温大气混合后，凝结成无数小水滴。站在地面上看，就可以看到像白线一样的飞机尾迹。飞机尾迹在干燥的空气下会很快消失，但在一定湿度下，它就可以存在一段时间。所以有时通过飞机尾迹就可以推断出当天的天气状况，若飞机尾迹在空中留存的时间较长，就说明可能要下雨了。

科普视界
深度百科
创意工坊
能力训练

▦ 扫码获取

飞机上桔红色的"黑匣子"

飞机上必不可少的装置就是"黑匣子"。"黑匣子"是飞行记录仪，它记录着飞行数据和语音信息。一旦飞机发生事故，只有找到"黑匣子"，才可能分析出事故的原因。但是，"黑匣子"是黑色的吗？不，与它的名字不同，"黑匣子"是桔红色的。之所以把它叫作"黑匣子"，是因为这个名字暗示着它里面藏有秘密。选用桔红色是为了在飞机失事后便于搜寻人员寻找和识别。

猜一猜 这是哪架飞机呢？

这种飞机有多个小型螺旋桨，并靠这些螺旋桨旋转产生的动力飞行。它可以人工驾驶，也可以无线操控。与其他直升机相比，它的造价更便宜，驾驶方法也更简单。这是什么飞机呢？说出它的名字，并在图片中指出来吧。

混合动力飞艇

热气球

精灵系列无人机

贝尔206直升机

波音787梦想客机

空军一号飞机

空中客车A380

图-144客机

海军陆战队一号SH-3海王直升机

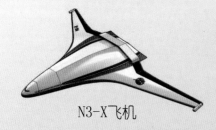

N3-X飞机

海军陆战队一号UH-60黑鹰直升机

协和式飞机

ICON A5飞机

塞斯纳172飞机

Volocopter电动直升机

农用直升机

运输直升机

Aerigon无人机

DO-X飞机

F-15E打击鹰战斗机

齐柏林飞艇

快递无人机

德哈维兰DH-4飞机

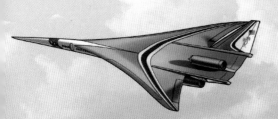

未来的超声速客机

Icon-Ⅱ飞机

未来的空中客车

答案：Volocopter电动直升机

Title: Supersonic Airplanes to Drones
Simplified Chinese translation copyright
©Liaoning Science And Technology Publishing House Ltd
2025
Big & Small Holds Simplified Chinese Language Rights
including World English Language Rights in 2018
First published in 2016 by Aram Publishing house
This Simplified Chinese edition published under license
from Big & Small through The Choice Maker

©2025, 辽宁科学技术出版社。
著作权合同登记号: 第06-2019-71号。

图书在版编目（CIP）数据

民用飞机和无人机 / (澳) 艾德林著；慧玲玲译. -- 沈
阳：辽宁科学技术出版社，2025.1. -- (好酷好酷的飞机).
ISBN 978-7-5591-3846-0

Ⅰ. V271-49；V279-49

中国国家版本馆CIP数据核字第20242BH292号

专业
图解

深度百科
构建知识体系

精选
视频

科普视界
拓宽认知边界

创意工坊
手工
教程
培养实践精神

能力训练
趣味
测评
能力塑造提升

扫码
加入

知识酷玩小队

THE ENCYCLOPEDIA OF AIRPLANES

好酷好酷的

飞机

军用飞机

（澳）艾德林 著

慧玲玲 译

北方联合出版传媒（集团）股份有限公司

辽宁科学技术出版社

这里有能在快速飞行中发射子弹的战斗机，有向敌人空投炸弹的轰炸机，有转着巨大螺旋桨、运载士兵和武器的运输直升机……让我们来一起了解各种类型的军用飞机吧！

信天翁D战斗机

法曼式飞机

B-29轰炸机

P-51战斗机

FW-190战斗机

P-38战斗机

喷火式战斗机

零式战斗机

阿芙罗 • 安森侦察机

Bf-109战斗机

亨克尔He-177轰炸机

伊尔-76运输机

C-130运输机

KC-10加油机

飓风式战斗机

KC-135空中加油机

CH-47运输直升机

CH-53E直升机

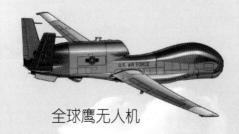

全球鹰无人机

SR-71侦察机

A-50预警机

E-3预警机

兰开斯特轰炸机

第一次世界大战中的**双翼飞机**

信天翁D战斗机和法曼式飞机

　　德国的信天翁 D 战斗机在空中侦察，它发现了英国的法曼式飞机并向其开火。法曼式飞机予以回击，信天翁 D 战斗机被击落。

信天翁D战斗机

有多个"翅膀"的飞机

早期的飞机由于发动机的性能有限，只能通过增加机翼面积来使其获得足够的升力，所以有2个翅膀的双翼飞机和有3个翅膀的三翼飞机应运而生。

4

法曼式飞机

信天翁 D 战斗机是第一次世界大战时期德国的战斗机。当时这种战斗机主要负责侦察敌军，是最早的专门为战争发明的飞机。法曼式飞机是第一次世界大战中英国战斗机的主力，信天翁 D 战斗机的最大特征是有一个纺锤般的流线型木质机身，配有两架机枪。法曼式飞机是双翼双座飞机，多用于侦察。

Bf-109战斗机和飓风式战斗机

Bf-109 战斗机是第二次世界大战中德国的主力战机。它的机身和机翼全部由金属制成，十分坚固且自重较轻。它的飞行速度快，攻击能力强。基于这些特点，这种战斗机在全世界被广泛使用，制造量很大。

Bf-109战斗机

飓风式战斗机是第二次世界大战中英国的主力战机。它的机身呈流线型，前半部覆以全金属蒙皮。它的构造较为简单，能在短时间内大量生产。

飓风式战斗机

喷火式战斗机和FW-190战斗机

喷火式战斗机的机枪里冒出了火星。喷火式战斗机是第二次世界大战时期英国最有名的战斗机，为英国在战争中取得胜利立下了汗马功劳。

为了抵御英国喷火式战斗机的攻击，德国发明了速度快、战斗力强、操作简单的战斗机，它就是FW-190战斗机。它能摆脱喷火式战斗机的袭击，再伺机回击。

喷火式战斗机

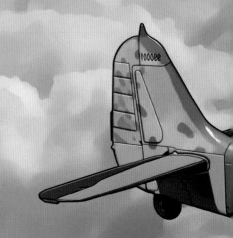

活塞式战斗机
喷火式战斗机和FW-190战斗机都是活塞式战斗机。这种战斗机依靠活塞式发动机带动螺旋桨，螺旋桨转动会为战斗机提供飞行动力。

阿芙罗·安森侦察机

FW-190战斗机

兰开斯特轰炸机和亨克尔 He-177轰炸机

敌人只要听到兰开斯特轰炸机那怪兽般的轰鸣声，就会吓得东躲西藏，四处逃窜。这是因为紧接着就会迎来一阵狂轰乱炸，地面上的敌人和武器装备就会被炸得七零八落。兰开斯特轰炸机有4个螺旋桨和4个发动机，是能装载大量炸弹的重型轰炸机。

兰开斯特轰炸机

亨克尔He-177轰炸机

亨克尔 He-177 轰炸机有两个
螺旋桨，每个螺旋桨装上两倍的发
动机可以产生 4 架轰炸机的威力。
它可以从高空迅速下降，并投掷炸
弹。但这种轰炸机常因发动机功率
过大而起火，这是相当危险的。

战斗机与轰炸机
因为轰炸机的主要任务是携带
并投掷炸弹，所以为了能装载
大量炸弹，它的机身通常都很
大；相反，因为战斗机的任务
是保护轰炸机，与敌机作战，
所以它的机身通常很轻，行动
敏捷。

伊尔-76运输机和C-130运输机

两架巨大的运输机在空中飞行，它们就是俄罗斯的伊尔-76运输机和美国的C-130运输机。伊尔-76运输机装有喷气式发动机，它的飞行速度特别快，可以装载重达60吨的军用卡车和大炮。它在较短的滑行跑道上也可以顺利起飞。

伊尔-76运输机

伊尔-76运输机的窗户
伊尔-76运输机机头的下方和侧方都设有窗户，这样的设计是为了方便飞行员随时观察地面的情况，以应对临时降落等突发状况。

C-130运输机

C-130运输机的喷气式发动机由机翼前侧强有力的涡轮螺旋桨驱动。即使在不太平坦的跑道上，它也可以顺利地起飞和降落。它可以装载超过20吨的物资。

KC-10加油机和KC-135空中加油机

　　飞机在飞行时没油了怎么办？不要担心，有空中加油机来帮忙。只要其他飞机有需要，空中加油机就会满载着燃油飞来。这时只需保持两架飞机的速度一致，空中加油机就可以通过硬管或者软管将油"咕咚咕咚"地输进飞机里。

KC-10加油机

看，空中加油机的加油管正准备连接到另一架飞机上呢。

KC-135 空中加油机

　　KC-10 加油机和 KC-135 空中加油机都是美国的空中加油机。它们可以长距离飞行，主要任务就是给燃料不足的飞机加油。在飞机后方有一扇窗户，有专人在加油时观察飞机情况。在战争期间，它们通常会在战场附近待命，接到命令后迅速飞抵加油地点，完成加油任务。

仔细看，加油管末端的加油口像不像一把打开的伞？

CH-53E直升机和 CH-47运输直升机

"嗒嗒嗒"，伴随着螺旋桨转动时发出的巨大声响，CH-53E直升机和CH-47运输直升机在下降。CH-53E直升机有动力强劲的发动机，能够运输军用卡车、军用大炮、战斗机等武器装备，还能运送士兵和物资。起飞时，螺旋桨带起的风大得像刮台风一样。

CH-53E直升机

CH-47运输直升机有一前一后两个巨大的螺旋桨，因此它的动力比其他运输直升机的更强。它的机身像一个大箱子，可容纳约33名士兵，也可以转移大型武器。

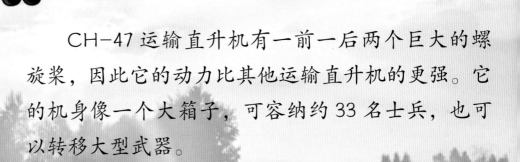

20

CH-47运输直升机

CH-47运输直升机的两个旋翼

螺旋桨也叫旋翼。当机身上方的螺旋桨转动时，机身会向反方向转动。因此，设计人员通常会在机尾安装螺旋桨来防止机身偏转。但是，CH-47运输直升机的机身有两个螺旋桨，它们可以向相反方向旋转来避免机身偏转，这样的两个螺旋桨叫纵列双旋翼。

21

SR-71侦察机和全球鹰无人机

　　黑色的 SR-71 侦察机像子弹一样高速飞行，侦察着敌军的情况。它可以完整地拍摄下敌军的数量、武器装备和所在的位置，并将这些信息通过卫星传回指挥部。SR-71 侦察机不仅不易被雷达探测到，而且它的速度比导弹还快，即使被敌人发现，当敌人准备反击时，它也早已消失得无影无踪了。全球鹰无人机是一架无人机，它不用驾驶员，自己就可以侦察并拍摄敌军情况。

全球鹰无人机

飞得比声速还快的SR-71侦察机

SR-71侦察机可以爬升至约2.4万千米的高度，那里的空气已经十分稀薄。它的飞行速度是声速的3倍。由于飞行速度过快，它的机身温度会超过300摄氏度。为了防止机身融化，它的机身由特殊金属材质钛合金制成。

SR-71侦察机

E-3预警机和A-50预警机

　　预警机的机身上有一个圆盘状的雷达系统，它可以发射电磁波。雷达系统持续运转，可以探测到天空中、陆地上、海洋里敌方的动向。E-3预警机是在波音707客机的基础上安装了雷达系统，它可持续飞行8个小时，能探测出直径在800千米范围内的敌情。

E-3预警机

A-50预警机

A-50预警机是在伊尔-76运输机的基础上安装了雷达系统。它同样可以探测出直径800千米范围内的目标物，但是它的跟踪能力还有待提高。

侦察机和预警机
如果说侦察机是在敌方领空将敌方情况实时传送回来的飞机，那么预警机就是飞越本国领空巡逻，一旦发现敌方有进攻意图，就会发出预警信号。

 你知道吗?

各国军用飞机的识别标志

战斗机在空中作战时，如果分辨不出对方是敌是友，很可能误伤自己人。因此，每架飞机都会被标注识别标志，这样就可以清楚地分辨出飞机属于哪个国家了。让我们一起来看看各国军用飞机的识别标志都是什么样的吧！

英国

法国

意大利

德国

北约

荷兰

美国

加拿大

俄罗斯

飞机最怕的东西居然是鸟？

　　飞机在低空飞行时，可能会撞到鸟。这是因为鸟常常来不及躲避快速飞行的飞机。两个快速飞行的物体相撞后，会产生很大的冲击力。不仅是鸟会受伤，飞机也有可能发生玻璃碎裂甚至爆炸。如果鸟被卷入发动机中，会损坏发动机部件，引发事故，诸如此类的事故被称作"鸟击"。航空公司为了防止这类事故的发生，采取了多种驱赶鸟的措施，如制造噪声等。

科普视界
深度百科
创意工坊
能力训练

扫码获取

从现在开始，让我们认真观察飞机上的识别标志吧！

猜一猜 这是哪一架军用飞机呢?

它是第二次世界大战中最大的军用飞机,机身超过30米,能装载超过9吨重的炸弹。这架飞机的名字叫什么呢?说出它的名字,并在图片里找到它吧。

信天翁D战斗机

法曼式飞机

B-29轰炸机

P-38战斗机

P-51战斗机

FW-190战斗机

喷火式战斗机

零式战斗机

阿芙罗●安森侦察机

Bf-109战斗机

亨克尔He-177轰炸机

伊尔-76运输机

C-130运输机

KC-10加油机

飓风式战斗机

KC-135空中加油机

CH-47运输直升机

CH-53E直升机

全球鹰无人机

SR-71侦察机

A-50预警机

兰开斯特轰炸机

E-3预警机

答案 B-29轰炸机

Title:Swift Combat Planes and Bombing Planes
Simplified Chinese Translation Copyright © 2025 Liaoning
Science And Technology Publishing House Ltd.
Big & Small holds Simplified Chinese Rights including
World English Rights in 2018.
First published in 2016 by Aram Publishing House.
This Simplified Chinese edition published under license
from Big & Small through The ChoiceMaker.

©2025，辽宁科学技术出版社。
著作权合同登记号：第06-2019-71号。

图书在版编目（CIP）数据

军用飞机 / (澳) 艾德林著；慧玲玲译. -- 沈阳：
辽宁科学技术出版社, 2025. 1. -- (好酷好酷的飞机).
ISBN 978-7-5591-3846-0

Ⅰ. E926.3-49

中国国家版本馆CIP数据核字第2024D4S198号

专业图解

深度百科
构建知识体系

精选视频

科普视界
拓宽认知边界

手工教程

创意工坊
培养实践精神

趣味测评

能力训练
能力塑造提升

扫码加入

知识酷玩小队

好酷好酷的 飞机

航天器

（澳）艾德林 著

崔瑛 译

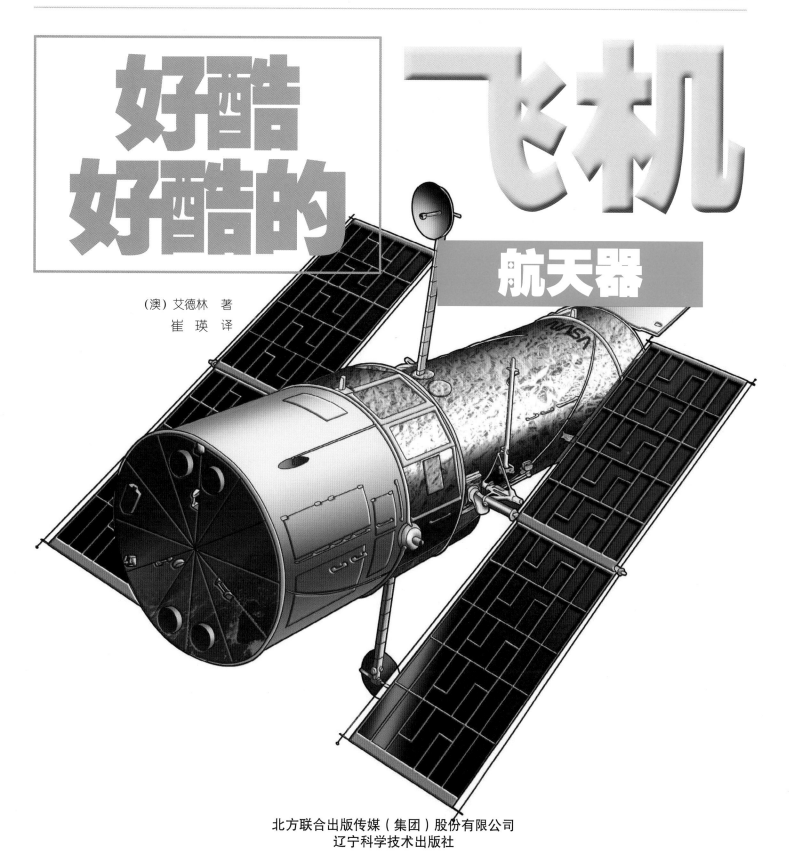

北方联合出版传媒（集团）股份有限公司

辽宁科学技术出版社

宇宙飞船已进入发射台，
十、九、八、七、六、五、
四、三、二、一，
发射！
只见烈焰升腾，飞船飞向天空。
人造卫星绕地球运行，空间探测
在月球、火星、木星等星球探测。
让我们一起来看看
探索宇宙奥秘的航天器吧！
你能认出它们吗？

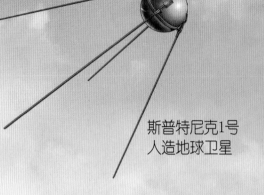

斯普特尼克1号
人造地球卫星

东方1号宇宙飞船

阿波罗11号宇宙飞船的鹰号登月舱

哥伦比亚号航天飞机和专用航天运输机

奋进号航天飞机和奋进号航天飞机发射台

联盟号宇宙飞船

太空船1号宇宙飞船

亚特兰蒂斯号航天飞机

麦哲伦号空间探测器

好奇号火星探测器

月球车

哈勃空间望远镜

开普勒空间望远镜

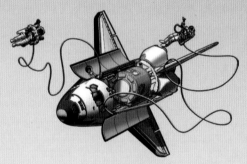

亚特兰蒂斯号航天飞机

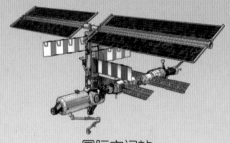

国际空间站

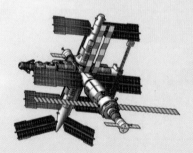

米尔号空间站

猎户座飞船早期模型

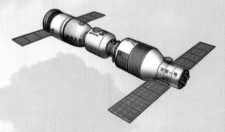

天宫一号空间站

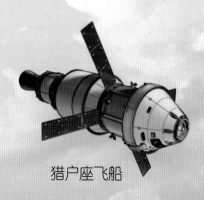

猎户座飞船

旅行者2号空间探测器

伽利略号空间探测器

斯普特尼克1号和东方1号

斯普特尼克 1 号人造地球卫星外形为球状，有四根长长的天线。它冲破大气层，环绕地球飞行。它是苏联于 1957 年发射的人类历史上第一颗人造地球卫星，搜集了很多关于地球的信息。

1961 年，人类历史上第一艘载人宇宙飞船东方 1 号进入太空，宇航员尤里·加加林看到地球后惊呼："地球是蓝色的！太神奇了，太美了！"这是人类进入太空的历史性事件。

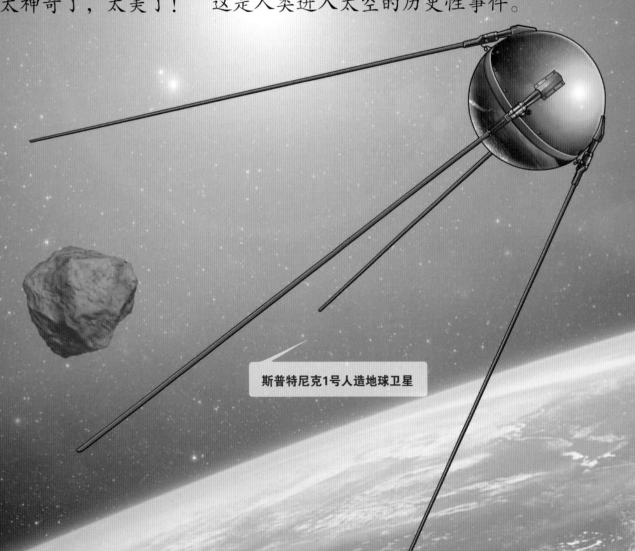

斯普特尼克1号人造地球卫星

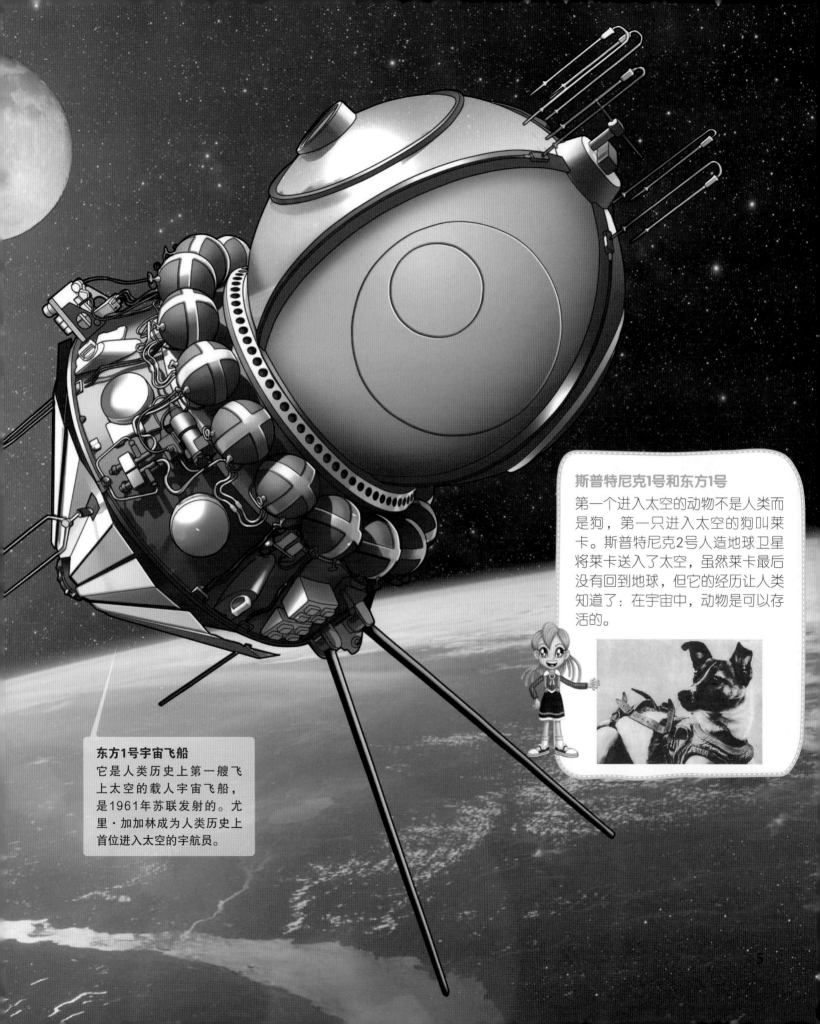

斯普特尼克1号和东方1号
第一个进入太空的动物不是人类而是狗，第一只进入太空的狗叫莱卡。斯普特尼克2号人造地球卫星将莱卡送入了太空，虽然莱卡最后没有回到地球，但它的经历让人类知道了：在宇宙中，动物是可以存活的。

东方1号宇宙飞船
它是人类历史上第一艘飞上太空的载人宇宙飞船，是1961年苏联发射的。尤里·加加林成为人类历史上首位进入太空的宇航员。

空间探测器和宇宙飞船

水手 10 号空间探测器像一只张开翅膀的昆虫，在黑暗的宇宙中飞行。它的任务是探测水星和金星，它拍摄了大量水星和金星的照片，搜集了大气、温度、卫星等方面的资料。

后来，美国制定了一个将人类送上月球的计划。1969 年，阿波罗 11 号载人宇宙飞船成功登陆月球，宇航员尼尔·阿姆斯特朗在月球上留下了人类的第一个脚印。

水手10号空间探测器

美国水手计划
美国制定了水手计划并研制了空间探测器。从水手1号到水手10号，水手系列探测器探索了金星、火星和水星，并向地球传送各类信息。

尼尔·阿姆斯特朗

阿波罗11号宇宙飞船的鹰号登月舱

阿波罗11号宇宙飞船

美国的阿波罗计划从阿波罗1号宇宙飞船到阿波罗10号宇宙飞船，在一步步地接近月球。最终阿波罗11号宇宙飞船成功登月，它是人类历史上第一艘载人登月宇宙飞船。它有指令舱、服务舱和鹰号登月舱。在鹰号登月舱到达月球时，指令舱和服务舱在绕月飞行。

哥伦比亚号航天飞机

　　因为研制宇宙飞船的花费很大，而且宇宙飞船只能使用一次，所以人们制造了可以多次使用的航天飞机。世界上第一架航天飞机是哥伦比亚号，它被运输机运送到发射台并被发射升空。在接下来的20年里，它做了大量工作，比如科学实验、携带并发射人造卫星等。

哥伦比亚号航天飞机
哥伦比亚号航天飞机可以飞行上百次，但事实上它只飞行了28次。1996年，它在太空停留了35天之久。哥伦比亚号航天飞机失事时，机上7名宇航员全部遇难，其中包括世界上第一位女宇航员，很多人都为此感到非常惋惜。

F-35闪电2号战斗机

在第 28 次飞行中，哥伦比亚号航天飞机机翼上产生了一道很小的划痕。尽管如此，哥伦比亚号还是顺利起飞了。但是当它返回地球时，突然发生了爆炸。在那之后，人们加强了对航天飞机起飞前的检查工作，哪怕是很小的划痕也会被检查出来。

哥伦比亚号航天飞机

专用航天运输机
这是一种由波音747改造而成的，专门用来运送航天飞机的飞机。

F-35闪电2号战斗机
它是为专用航天运输机护航的战斗机。

9

奋进号航天飞机

美国的最后一架航天飞机奋进号是目前为止最先进的航天飞机，它可以将人员和货物运上太空，往返于地球和空间站之间。它可以靠近并修复被损坏的卫星，还可以将偏离轨道的卫星放回原位。它于2012年退役，被存放在博物馆中。

奋进号航天飞机
它是美国的最后一架航天飞机，出于成本和安全性的考虑，人们很难再制造一架像奋进号这样的航天飞机了。

接替奋进号执行航天任务的猎户座飞船
如果不能再研制航天飞机，那么人类对宇宙的探索就止步于此了吗？不，随后研发的猎户座飞船接替了航天飞机的工作。

美国的航天飞机的三个部分

美国的航天飞机由轨道器、外贮箱和固体助推器组成。其中，固体助推器在发射后的两分钟内将脱落并坠入海中。轨道器携带外贮箱飞上太空，并在箱内的燃料用完时将其扔掉。被扔掉的外贮箱与大气碰撞会产生热量，最终会被燃烧殆尽。

奋进号航天飞机发射台

它位于美国佛罗里达州的肯尼迪航天中心。肯尼迪航天中心有两个巨大的发射台，著名的阿波罗11号宇宙飞船就是从这里发射升空的。

旅行者号和伽利略号

旅行者 1 号空间探测器和它的姊妹空间探测器旅行者 2 号分别于 1977 年 8 月和 1977 年 9 月发射升空。旅行者 1 号空间探测器探索了木星和土星后，飞离了太阳系。旅行者 2 号空间探测器探索了木星、土星、天王星和海王星，它们都向地球传回了大量珍贵照片。

旅行者2号空间探测器
它离开地球已经30多年了，飞行距离已达日地距离的100倍以上。

旅行者号空间探测器上的金唱片
旅行者1号空间探测器和旅行者2号空间探测器上都带有存储地球信息的光盘。如果外星人看了光盘，就会知道地球上有人类存在，并能听到人类的声音、语言、古典名曲，还能看到人类的照片。

伽利略号空间探测器是为了探测木星而发射的。它在离开地球飞行 6 年后抵达木星，在第 7 年开始绕木星运行并向地球传回了约 1.4 万张照片和大量数据。在完成使命后，它坠入木星炽热的大气层。

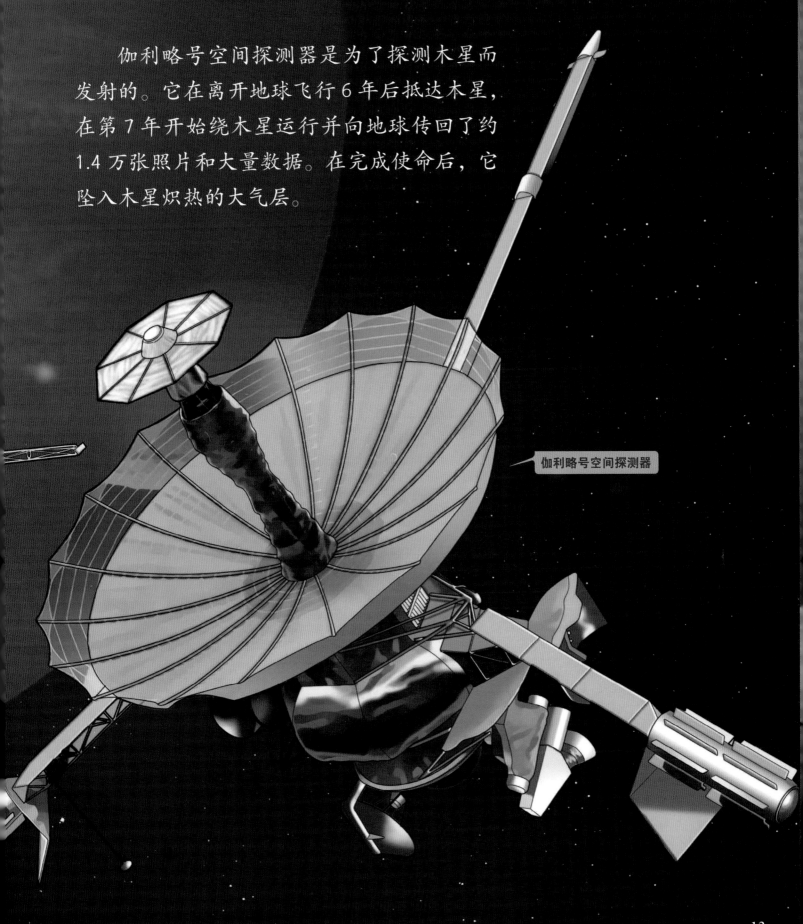

伽利略号空间探测器

火星探测器和月球车

　　好奇号火星探测器向火星岩石发射X线，并搜集火星岩石灰。随后，它研究了火星岩石的物质组成并将数据发送回地球。

　　好奇号火星探测器于2012年到达火星，负责探测火星的气候、泥土和水，并研究了生命是否能在火星存活等问题。

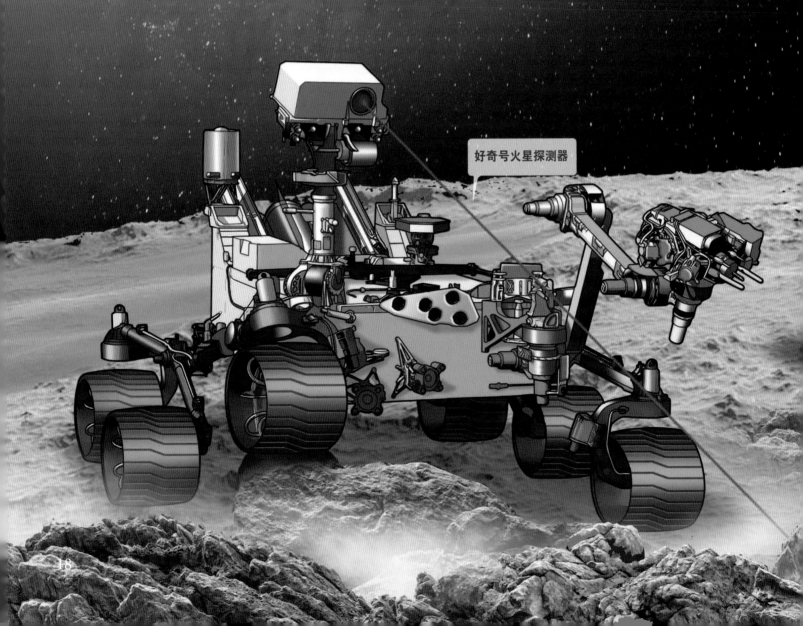

好奇号火星探测器

月球车
由美国宇航局研制的月球车，原计划于2020年执行月球探测任务，但尚未实现。

一首响彻火星的生日歌
在2013年8月6日，火星的寂静被打破，一首生日歌响彻星空。好奇号火星探测车降落火星一周年之际，地球上的科研人员传送了这首生日歌，将地球的歌声首次传到另一个星球上。

19

空间望远镜

　　你看过星云璀璨的太空吗？哈勃空间望远镜拍下了这美妙的一幕。它被航天飞机送上太空，绕地球运行，观测星星。从太空看星星的效果比从地球上看星星的效果要好得多。开普勒空间望远镜的视野广阔，它正在寻找与地球相似的行星。

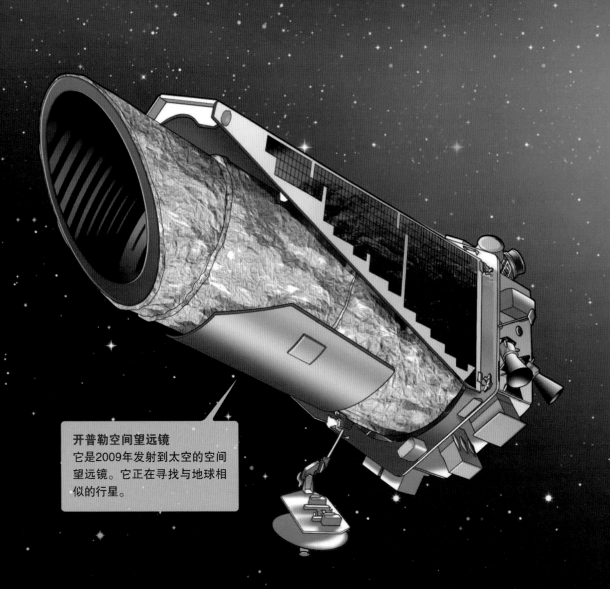

开普勒空间望远镜
它是2009年发射到太空的空间望远镜。它正在寻找与地球相似的行星。

20

哈勃空间望远镜
它是1990年被发射到太空的空间望远镜，绕地球运行，观测星星。

哈勃空间望远镜拍摄的星云
哈勃空间望远镜拍摄了许多星云，其中最著名的是以下图片中的星云。它们从左到右依次为蝴蝶星云、马头星云、创生之柱星云、龙虾星云。

猎户座飞船

　　猎户座飞船将像航天飞机一样，能做很多与太空有关的工作。它能修理人造卫星，向空间站运送人员和物资，还把人类带到月球和火星上。猎户座飞船最多可乘坐6人，用了很多先进的技术，比如自动对接系统。

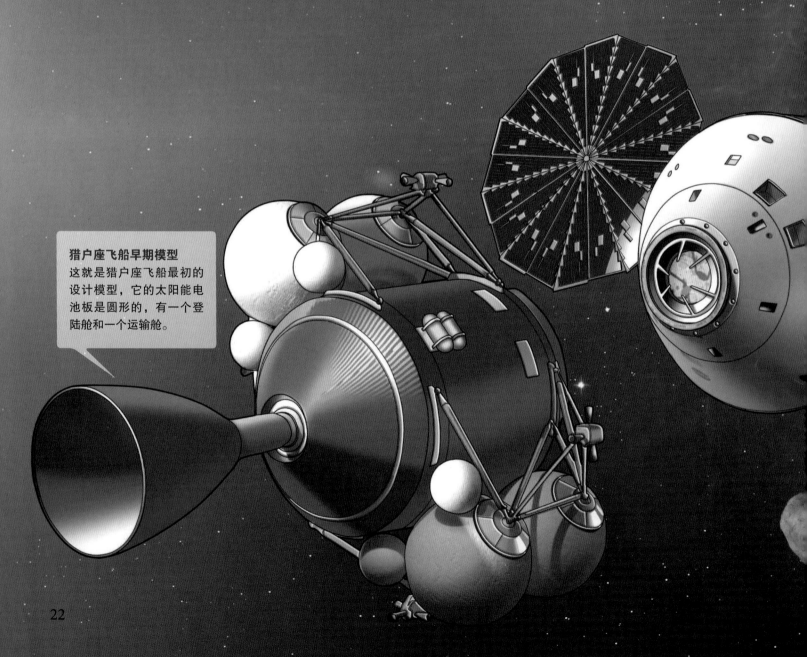

猎户座飞船早期模型
这就是猎户座飞船最初的设计模型，它的太阳能电池板是圆形的，有一个登陆舱和一个运输舱。

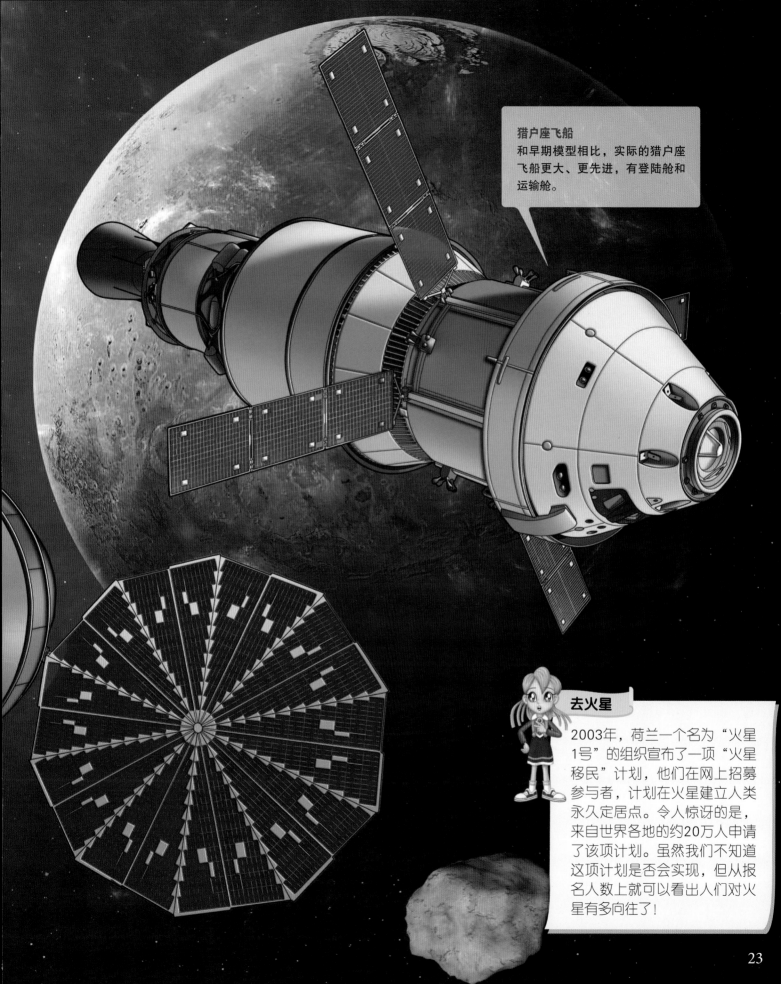

猎户座飞船
和早期模型相比，实际的猎户座飞船更大、更先进，有登陆舱和运输舱。

去火星

2003年，荷兰一个名为"火星1号"的组织宣布了一项"火星移民"计划，他们在网上招募参与者，计划在火星建立人类永久定居点。令人惊讶的是，来自世界各地的约20万人申请了该项计划。虽然我们不知道这项计划是否会实现，但从报名人数上就可以看出人们对火星有多向往了！

你知道吗？

宇航员是怎么生活的呢？

宇航员乘坐宇宙飞船飞到太空会怎么样？和在地球上一样吗？当然不一样。宇宙有时非常冷，有时非常热，没有氧气，没有重力，只能飘浮着。在这样的环境下，宇航员是怎么样生活的呢？

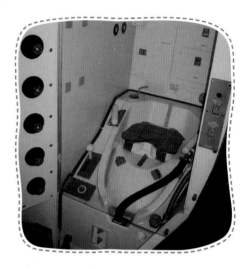

太空服

在飞船外要穿太空服。太空服可以抵御过冷或过热的极端温度，抵御太空辐射，能让宇航员在太空行走。氧气面罩可以为宇航员提供氧气。左图是用特殊材料制作的太空服，右图是用金属做的太空服。

太空洗手间

太空中使用的特殊洗手间。宇航员要先把身体固定在马桶上，排泄物被像真空吸尘器一样的装置吸走。有的排泄物会被带回地球，有的排泄物会被转化成干净的水来使用。

太空饮食

在太空中，因为食物也是飘浮着的，所以宇航员不能像在地球上一样吃东西。他们可以利用磁铁、弹簧等将食物固定起来。太空中的食物也是真空食品，如压缩饼干、密封罐头等。水也需要用吸管来喝。左图是宇宙飞船里食物飘浮的景象，右图是被带到太空中的食品。

人造卫星
小百科

人造卫星是什么？

人造卫星是人工研制的卫星，人类利用火箭将其发射到预定轨道上，它环绕地球或其他行星运行。环绕地球运行的人造卫星做了很多工作，让我们一起来看看它们都做了什么吧！

气象卫星： 它是从太空对地球及其大气层进行气象观测的人造地球卫星。

通信卫星： 它可以帮助人类实现卫星通信。我们看电视、访问互联网、手机通话等都有赖于卫星通信技术。

科学卫星： 它是用于科学探测和研究的人造地球卫星。

军事卫星： 它是用于各种军事目的的人造地球卫星。

导航卫星： 它是能持续发射无线电信号，帮助人类导航定位的人造地球卫星。

科普视界
深度百科
创意工坊
·能力训练
扫码获取

头脑风暴

太空俱乐部

只有自主研制并成功发射人造卫星的国家才能成为"太空俱乐部"的成员。目前，"太空俱乐部"的成员是包括中国在内的11个国家。

猜一猜 这是哪艘宇宙飞船呢？

它是苏联发射的宇宙飞船，也是人类历史上第一艘载人飞上太空的宇宙飞船，你能找出它吗？它叫什么名字呢？

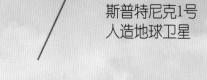

斯普特尼克1号
人造地球卫星

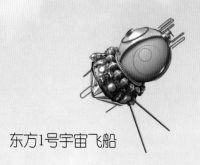

东方1号宇宙飞船

阿波罗11号宇宙飞船的鹰号登月舱

哥伦比亚号航天飞机和专用航天运输机

奋进号航天飞机和奋进号航天飞机发射台

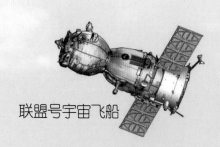

联盟号宇宙飞船

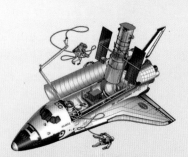

亚特兰蒂斯号航天飞机

太空船1号宇宙飞船

麦哲伦号空间探测器

好奇号火星探测器

月球车

哈勃空间望远镜

开普勒空间望远镜

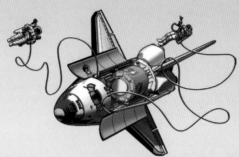

亚特兰蒂斯号航天飞机

国际空间站

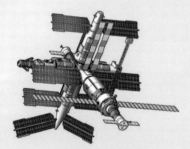

米尔号空间站

猎户座飞船早期模型

天宫一号空间站

猎户座飞船

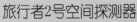

旅行者2号空间探测器

伽利略号空间探测器

答案：东方1号载人飞船

Title:Rumble! Whoosh! A Dreaming Spaceship
Simplified Chinese Translation Copyright © 2025 Liaoning
Science And Technology Publishing House Ltd.
Big & Small holds Simplified Chinese Rights including
World English Rights in 2018.
First published in 2016 by Aram Publishing House.
This Simplified Chinese edition published under license
from Big & Small through The ChoiceMaker.

©2025，辽宁科学技术出版社。
著作权合同登记号：第06-2019-71号。

图书在版编目（CIP）数据

航天器 /(澳) 艾德林著；崔瑛译. -- 沈阳：辽宁科
学技术出版社, 2025. 1. -- (好酷好酷的飞机).-- ISBN
978-7-5591-3846-0

Ⅰ. V47-49

中国国家版本馆CIP数据核字第2024KW1462号

专业
图解

深度百科
构建知识体系

精选
视频

科普视界
拓宽认知边界

创意工坊
培养实践精神

手工
教程

能力训练
能力塑造提升

趣味
测评

扫码
加入

知识酷玩小队

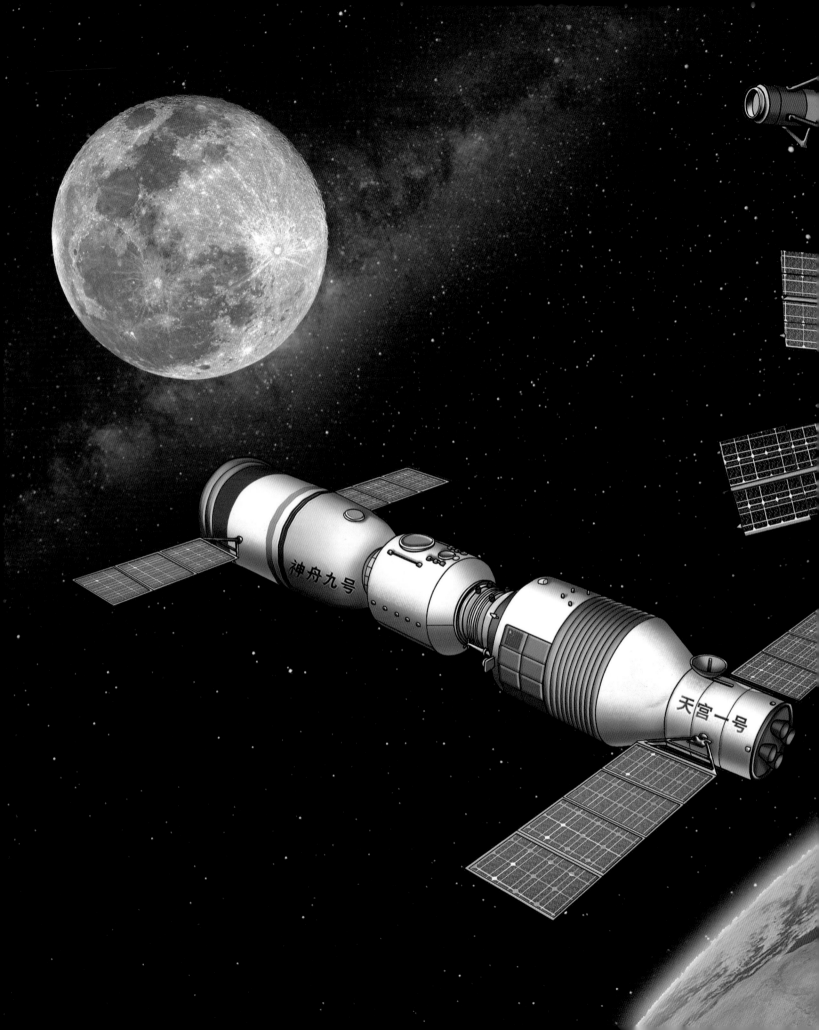